Bibliographic information published by the German National Library:

The German National Library lists this publication in the National Bibliography; detailed bibliographic data are available on the Internet at http://dnb.dnb.de .

Imprint:

Print and binding: Books on Demand GmbH, Norderstedt Germany
ISBN: 9783668409637

This book at GRIN:

http://www.grin.com/es/e-book/354588/seleccion-de-lineas-geneticas-aptas-para-la-cria-en-cautiverio-de-cuniculus

Rodrigo Díaz Lupanow

Selección de líneas genéticas aptas para la cría en cautiverio de "Cuniculus paca"

GRIN Publishing

Selección de líneas genéticas aptas para la cría en cautiverio de *Cuniculus paca.*

Rodrigo Díaz Lupanow

Universidad de Carabobo

Facultad de Ciencias y Tecnología

Departamento de Biología

Introducción

Darwin, en su magistral libro "El origen de las especies" resalta las impresionantes variedades que el hombre, mediante selección artificial, puede preservar en el tiempo. En la naturaleza, la lucha por la existencia es "sin tregua". Bajo el cuidado del hombre, muchas características que serian eliminadas en el ambiente natural, pueden evidenciarse y ser escogidas por el hombre para el beneficio de su domesticación.

"Ante el deterioro observado como consecuencia de la sobrexplotación y utilización descontrolada de los recursos naturales, la conservación de la biodiversidad se ha convertido en un objetivo común de las distintas naciones y culturas del mundo" (Rodríguez y Rojas-Suárez, 2008). El concepto de conservación ha cambiado en las últimas décadas, avanzando del precepto de preservar y no tocar, al criterio de aprovechar en forma racional (Comentario personal del Prof. Rafael Rodríguez). En otras palabras, el uso sostenible de los recursos renovables. Es allí donde los planes de manejo hacen su aparición. Son, personalmente, una de las soluciones para la crisis ecológica en la que estamos y en la que pronto ahondaremos más.

La limitación de los recursos necesarios para desarrollar planes de conservación efectivos en el corto plazo es el principal problema para la conservación de las especies. Por esto, ciertos investigadores han desarrollado sus planes de conservación ligados a un beneficio socioeconómico directo (Rodríguez y Rojas-Suárez, 2008).

Antecedentes

Smithe y Brown (1995) han demostrado que mediante un manejo adecuado durante las primeras fases de vida, es posible hacerlos menos agresivos y mas sociables. Ojasti en 1983 plantea que mediante selección artificial se pueden escoger los individuos con mejores características para la zoo-cría (menor agresividad y más sociabilidad). Sin embargo no se encontró referencia bibliográfica que soporte este hecho. Si Ojasti está en lo cierto, es posible conseguir líneas genéticas más aptas para la zoo-cría. Esto reduciría los costos de manejo traduciéndose en mayor productividad del plan.

Smithe (1987) realizó un estudio sobre la lapa como fuente doméstica de proteína para el neo trópico. Encontró que es una alternativa viable que supone la reducción del impacto que generan otros animales domésticos al medio. A su vez, resalto que la lapa, por ser nativa del neo trópico, está mejor adaptada para resistir enfermedades y el clima.

Matamoros (1981) estudió la anatomía e histología del sistema reproductor de la lapa. Proporcionó características reproductivas muy importantes para la selección de animales potencialmente favorables para su explotación en zoo-criaderos. Entre ellas, nos interesa el número de eventos reproductivos que se pueden alcanzar por año, clave para la zoo-cría.

Ojasti en 1991 señala como el manejo del capibara (*Hidrochaerus hidrochaerus*) ha traído estabilidad en sus poblaciones naturales. Esto se debe a que la demanda del chigüire es satisfecha por la productividad de los zoo-criaderos ex-situ. De esta forma la caza no regulada ha sido cambiada por un uso regulado que permite la sostenibilidad del recurso. Es un gran ejemplo del manejo exitoso donde el resultado es beneficioso tanto para el hombre como para las poblaciones y el ecosistema.

Marco teórico

Características: *C. paca* es un roedor de gran tamaño perteneciente al sub-orden caviomorfos (Emmons, 1990). Poseen un cráneo peculiar, el arco zigomático se expande formando una especie de bolsillo interno. Éste amplifica los sonidos hecho por el animal al chirriar sus dientes. Al mismo tiempo aumenta la masa de la cabeza, de forma que se tenga mayor fuerza detrás de los dientes en los movimientos rasgadores de pelea. Este arco es más notorio en los machos creciendo indefinidamente (Smythe, 1970).

Comportamiento: Ambos sexos son muy agresivos con otros del mismo sexo. Atacan e incluso matan a cualquier lapa que encuentren cerca de su madriguera. Su contacto social es casi exclusivamente a través del olor. El macho rocía a la hembra con orina para mantener un lazo de olor entre los dos. De esta forma, el reconocimiento del olor permite que no se ataquen entre sí. Son intolerantes a cualquier lapa con un olor distinto. Por razones económicas, si un animal doméstico es criado para carne, debe ser capaz de convivir en una jaula con más individuos de los que soporta en estado salvaje. Las lapas en estado pueden ser peligrosamente agresivas con machos que le hagan avances indeseados (Smythe, 1970). Las crías son aceptadas por la hembra por un mínimo de 8 semanas y un máximo de cerca de 6 meses. La familia se mantiene mientras el joven sea tolerado por sus padres.

Debido a esto su conducta salvaje los convierte en animales, en apariencia, difíciles de domesticar. Sin embargo, durante los primeros días de nacidos ellos aprenden de su madre cómo comportarse. Es posible "enseñarlos" a comportarse de manera distinta, en otras palabras, a ser menos agresivos con otros individuos y con el humano. Sin embargo esta sensibilidad de transferencia persiste por muy poco tiempo después de nacer. Por lo tanto las pacas que pasados 40 días de su nacimiento no han tenido contacto con humanos suelen ser imposibles de domesticar. Debido a esto se debe tener extremo cuidado al manipular individuos poco domesticados. En conclusión, las lapas que son manejadas adecuadamente durante el período crítico de aprendizaje se vuelven mansas y fáciles de manejar (Smithe y Brown, 1995). Desafortunadamente, este tipo de domesticación trae desventajas reproductivas. Al ser separado de su madre, el animal no aprende la conducta sexual ni reconoce posibles parejas (Hess, 1973 citado por Smithe y Brown, 1995). Sin embargo, la existencia del periodo crítico de aprendizaje sugiere que el animal puede responder a una gran variedad de estímulos poco después de nacido (Smithe y Brown, 1995). De esta forma, existe la posibilidad d que pueda aceptar a sus criadores, vivir en grupos (en vez de en parejas) y adoptar un correcta identidad sexual que le permita reproducirse. De ser así, las pacas pueden ser transformadas de animales salvajes a domésticos en una sola generación (Proyecto del instituto Smithsonian).

Sus grandes ojos poseen un *tapetum lucidum*, o pared reflectora, bien desarrollado. Debido a esto son sumamente sensibles a la luz por lo que le tienen fobia a la misma. Al ser alumbrados por una linterna la refracción es muy fuerte, lo que facilita su visualización en la noche (Smithe y Brown, 1995).

Conservación: La lapa es una de las especies de caza más cotizadas en Venezuela por lo que su manejo debe ser efectivo (Ojasti, 1981). Es capaz de tolerar cierto grado de afectación en su hábitat, pero las intensas deforestaciones están disminuyendo sus poblaciones (Ojasti, 1981). Sin embargo, el mayor problema que está afectando a este animal es la caza no regulada (Linares, 1991). Para erradicar o revertir la disminución de sus poblaciones es necesario que se cumplan la leyes de protección, particularmente la erradicación de la caza comercial furtiva, y su manejo experimental unido al trabajo investigativo en áreas bajo régimen especial. La alta demanda de la carne de lapa ha provocado la costumbre de criarlas en cautiverio. Esto se ha hecho en escala tradicional en distintos tipos de instalaciones.

Reproducción: Son fértiles luego del primer año de vida, cuando las hembras alcanzan 6,5 Kg y los machos 7,5 kg. Las hembras paren una sola cría en cada proceso reproductivo el cual ocurre cada 190 días (1.9 partos por hembra al año) (Collet, 1981) en estado natural y cada 172 días (2.1 partos al año por hembra) en cautiverio (Metamoros, 1981). Sin embargo, otros investigadores han encontrado intervalos de parto entre 97 y 101 dias, lo cual significa menor tiempo de gestación y la presencia estro post partum (Lander, 1974). El periodo de lactación es de tres meses y suele sobreponerse con la nueva preñez de la hembra (Matamoros, Collet, 1981). Las crías crecen en alto ritmo alcanzando 4 kg de peso en unos 3 meses aproximadamente, luego de medio año logran los 6 kg y el tamaño adulto(Collet, 1981). La edad puede estimarse por las líneas de crecimiento periódico del cemento de los molares. La edad máxima registrada es de 12,5 años bajos condiciones naturales (Ojasti, 1993).

Productos: La carne de la lapa tiene un alto valor energético (1620 cal/g, peso fresco) (Ojasti, 1993) por la presencia de tejido adiposo de reserva en la estación lluviosa (Smythe, 1981). Es, sin duda, una de las carnes más cotizadas por su exquisito sabor y fácil preparación.

Hábitat: La paca es una especie silvícola de gran amplitud ecológica encontrándose en bosques de todo tipo (Ojasti, 1993). Tiene distribución en toda Venezuela, al igual que en parte del neo trópico americano (Linares, 1992)

Cría: La idea de criar lapas en cautiverio no es para nada nueva. Existen numerosos proyectos destinados a la explotación comercial de su carne. Sin embargo poco se ha hecho para mejorar las condiciones de cautiverio, conocer su conducta y ecología, y de esta forma mejorar el manejo de los animales (Smithe y Brown, 1995).

Ventajas del manejo de C. paca:

La domesticación es un proceso evolutivo llevado a cabo por la selección artificial de los individuos con características más aptas para la cría en cautiverio. El concepto de domesticación tiene que ver con 4 puntos clave:

1. Se reproducen bajo control humano.

2. Proveen de un producto o servicio al hombre.

3. Han sido domados o amansados.

4. Han sido seleccionados a partir de organismos silvestres.

Alimentación: Son frugívoras principalmente (Eisenberg y Thorington 1973, Collet 1981), pudiéndose alimentar también de hojas caídas (Smithe y Brown, 1995).

Planteamiento del problema

El comportamiento agresivo es una de las limitantes para desarrollar un plan de manejo en confinamiento. Las lapas son animales que defienden arduamente su territorio. Sus grandes incisivos pueden causar gran daño y hasta la muerte de otros individuos. Debido a esto es muy difícil mantenerlos confinados. Tradicionalmente se separan en parejas para evitar las agresiones, sobre todo entre los machos. Sin embargo, esto aumenta la dificultad tanto técnica como de infraestructura durante la zoo-cría. Este animal tiene gran presión de caza y sus poblaciones se han visto muy afectadas.

Justificación

La carne de *C. paca* tiene un alto valor comercial y nutricional que les proporciona alta demanda. Seleccionar líneas genéticas aptas para la cría en cautiverio supone menos costos y mayor facilidad durante el manejo y producción. Se espera que la producción de carne de lapa disminuya la fuerte presión de caza a la está sometida la especie. Otra ventaja es que ciertos individuos pueden ser reintroducidos fortaleciendo las poblaciones más afectadas. *C. paca* tiene un valor intrínseco y socio-económico que promueven su conservación. La cría de lapas incentiva la conservación de los bosques ya que la ganadería es el principal motivo de deforestación.

Objetivo general

Obtener una población de lapas (C. paca) en cautiverio con comportamiento apacible y social.

Objetivos específicos

- Capturar lapas silvestres mediante trampeo para obtener los pies de cría.
- Lograr la reproducción exitosa en cautiverio.
- Llevar a cabo domesticación de las crías en todas las generaciones.
- Seleccionar artificialmente a los individuos con características sociables y apacibles.

Metodología

Captura de lapas silvestres

Se utilizaran 10 trampas national, disponibles en el departamento de Biología de Universidad de Carabobo. Se deben buscar huellas de lapas en la zona donde se conozca están presentes poblaciones estables. Se cebaran las trampas con frutas y semillas de mango a las 6 de la tarde durante dos semanas sin activar el mecanismo de captura. Las trampas serán colocadas en lugares muy sombríos cercanos a plantas frutales de cuyos frutos se conozca que las lapas se alimentan y de los cuales el cebo también estará compuesto. Diariamente se revisaran las trampas para reconocer si las lapas se han alimentado. Esto mediante la detección de huellas, heces y patrones de mordida en las semillas muy características de estos roedores. Pasadas las dos semanas en donde las lapas se han habituado a alimentarse dentro de las trampas, se procederá a activar el mecanismo de funcionamiento de captura. Las trampas serán revisadas a la medianoche y a las 6 de la mañana. El trampeo se realizará hasta capturar 10 lapas adultas y sanas (5 machos y 5 hembras). Hembras y machos encontrados en trampas próximas serán marcados, al igual que las crías (en caso de ser capturadas). También se realizaran recorridos nocturnos para encontrar troncos que podrían ser madrigueras de lapas. Puede colocarse una red en uno de los orificios del tronco e introducir una varilla por el otro agujero obligando a salir al animal. Luego se procede a manipular al animal como se señala a continuación.

Manipulación del animal

Se debe tener extremo cuidado durante la manipulación debido a la peligrosa mordida de este roedor. Una red de nailon es sostenida fuertemente en la puerta de la trampa mientras se le obliga al animal mediante una vara a salir por la misma. La fuerte reacción del animal debe ser prevenida. Una vez en la red debe enrollarse la boca de la misma y ser pisada con un pie. Luego separar al animal del piso e introducirlo en un saco de grueso donde será trasladado. No es recomendable usar guantes durante su manipulación debido a la mordida los atraviesa con facilidad y solo reducen la movilidad de las manos. Durante el cautiverio, la manipulación debe hacerse en horas nocturnas para evitar el estrés a la luz del animal.

***Construcción de las jaulas*:** Se dispone de un terreno en Campo Carabobo donde se pueden instalar las jaulas. Serán jaulas de 2.5 a 3 metros en cada lado (9-12 metros cuadrados). El piso será de cemento. Se construirá dentro una tina de 1 metro cuadrado con una pequeña tina suplementaria para tomar agua. La tina será situada a 30 cm de la pared para que los animales puedan caminar a su alrededor. Las paredes de las jaulas serán de alambre ciclón de por lo menos 2 metros de altura. Los primeros 25 cm de las paredes serán recubiertas con un alambre más cerrado. Se levantaran dos líneas de bloques de cemento para proteger a los animales del viento. Las tinas deben estar por debajo del nivel del piso, el cual debe tener cierto grado de inclinación hacia las tinas. Cada tina debe poseer un drenaje con tuberías metálicas para vaciar fácilmente el agua.

Manejo de los animales fundadores

Las lapas capturadas deben recibir un trato diferente al que tendrán las siguientes generaciones. A éstas se les proporcionará un refugio dentro de la jaula donde podrán esconderse durante el día. Estos animales solo serán expuestos a su pareja potencial luego del protocolo descrito por Smithe y Brown (1995).

Proceso de domesticación

Durante el primer mes de edad se pesara diariamente a las crías acostumbrándolas al trato con el manejador. Para esto será necesario extremo cuidado para no ser mordido por la madre. Smithe y Brown describen la metodología utilizada para este proceso durante el proyecto del instituto Smithsonian. Pasado este mes se separará la cría de su madre y se coloca en una jaula separada donde estarán todas las crías. De esta forma se asegura el comportamiento sexual adecuado y a su vez, se forman lapas apacibles y sociales.

Proceso de selección artificial

Se observará el comportamiento de las lapas domesticadas. De esta forma se escogerán los individuos más apacibles y sociales. Los agresivos y asustadizos no serán utilizados para la reproducción en la siguiente generación. En contraste, se seleccionaran las lapas con mejores características para la cría en cautiverio como los progenitores de la siguiente generación. Este proceso se repetirá hasta encontrar camadas de muy fácil domesticación y práctico manejo.

Calendario de actividades

Fecha	Evento	Descripción
15/03/2010-15/04/2010	Comenzar la construcción de las jaulas	Trabajo delicado en el cual se seguirán las especificaciones de Smithe y Brown (1995).
16/04/2010-15/05/2010	Recolectar alimento y refrigerarlo. Solventar detalles finales de la infraestructura.	Aprovechar las enormes cantidades de mango y cambur que se producen en el terreno. Conseguir en mercados restos de frutas sin costo alguno. Revisar que las instalaciones estén funcionando correctamente.
16/05/2010-16/06/2010	Captura de los 10 individuos de *C. paca.*	2 semanas de cebado y 2 de captura. Pesar, identificar sexo y condiciones físicas de las lapas capturadas. Transportar los individuos al zoo-criadero.
17/06/2010-17/07/2010	Periodo de habituación a la vida en cautiverio.	Observación de las respuestas al cautiverio. Proporcionar las mejores condiciones posibles a los individuos fundadores.

18/07/2010-30/02/2011	Obtención de la primera generación de lapas domesticadas.	Este periodo es crucial para el éxito del proyecto. Debe lograrse la reproducción en cautiverio y el buen estado de las crías. Los conocimientos sobre el manejo de este animal deben estar perfeccionados de manera de provocar el menor estrés y la mejor habituación posible.
1/03/2011 hasta el fin del proyecto	Selección artificial	Serán escogidos los individuos más apacibles y sociables en cada generación. Se observaran los cambios en el comportamiento social y la agresividad de las lapas. Dependiendo de las conclusiones obtenidas se decidirá el curso del proyecto

*Estas fechas pueden variar según la facilidad y rapidez de los primeros pasos. Al igual debe tenerse en cuenta que se requiere de un permiso para la venta carne de lapa cuyos trámites pueden tardar. Debido a esto, no fue incluido dentro del itinerario. Sin embargo, los objetivos principales plantean la obtención de las líneas genéticas más que la venta de carne. Solo si no se obtienen los resultados esperados se procederá a realizar el manejo tradicional de la lapa con fines comerciales.

Presupuesto

***Construcción de jaulas*:**

Material	Descripción	Cantidad	Precio
Ciclón	Liviano galvanizado, 6´	312"	3744
Postes	1,5" tubo galvanizado	30X20"	3420
Concreto	Cemento	69 sacos	930
	Arena	150 pies cúbicos	159
	Grava, Piedra	207 pies cúbicos	219
	¼" acero	1200"	234
Bloques	4"	435	498
Tubería	Pluma corriente	10	300
	Llave de paso	10	300
	Tubo PVC: ½"	7*20"	81
	Codo PVC 90°: ½"	20 c/u	18
	"T": PVC: ½"	10 c/u	9
Drenajes	Tubo PVC: 2"	2*20"	51
	Tubo PVC: 4"	6*20"	972
	Codo PVC 90°: 2"	10 c/u	45
	"T": PVC: 2"	10 c/u	240
	"T": PVC: 4"	1 c/u	28
	Codo PVC 4": 90°	2 c/u	42
	Tubo galvanizado: 2"	10 c/u 5" de largo	90
Puertas	bisagras	22 c/u 3"	165

	Tornillos: 10X32X2"	22 c/u	99
	Codo galvanizado: ¾"	88 c/u8	198
	Tubo galvanizado ¾"	*20"	420
Techo	Tubo galvanizado 1"	15*20"	789
	"zinc"	32 piezas	555
	"Peak flashing"	50"	150
Miscelaneos			225
Mano de obra			10000*
Pesa analógica			500
Total			24481 BsF

*Este valor puede reducirse por convenio con los trabajadores. Se les puede ofrecer participar en el proyecto para beneficiar a la comunidad. Conozco a un obrero dispuesto a realizar parte del trabajo sin cobrar efectivo sino beneficiarse de los resultados del manejo.

Nota presupuestaría: Se pretende devolver el dinero de la inversión a los promotores con las ganancias que generará el proyecto. En caso de lograrse los objetivos, los individuos mejorados por selección artificial serán vendidos a otros zoo-criadores, tradicionales o científicos. Si no se obtiene el objetivo principal se procederá a aplicar el protocolo de domesticación descrito y se realizará zoo-cría tradicional con igual beneficio.

El alimento utilizado será una mezcla de frutas y semillas que se obtendrán de la diversidad de plantas frutales encontradas en el terreno de Campo Carabobo (terreno propio). Estas frutas coinciden con las recomendadas para la zoo-cría de la lapa. En caso de requerir otros nutrientes correrán por parte del investigador.

Referencias bibliográficas

Collett, S. 1981. Population characteristics of Agouti paca (Rodentia) in Colombia. Pub. Mus. Mich. State. University. Biol. Ser. 5 (7); 485-602.

Darwin, C. 1988. El origen de las especies. Segunda Edición. Colección Austral. Pag. 59-88.

Eisenberg, J y R. Thorington. 1973. A preliminary analysis of a Neotropical mammal fauna. Biotropica, 5:150-161.

Emmons, L. 1990. Neotropical rainforest mammals: a field guide. Segunda edición. Univ. de Chicago Press. pag. 224.

Lander, E. 1974. Observaciones preliminaries sobre lapas (Agouti paca). Univ. Central de Venezuela, Maracay: 1974. 104 (Trabajo de ascenso).

Linares, O. 1991. Mamíferos de Venezuela. Editorial Audubon.

Matamoros, Y. 1981. Anatomía e histología del sistema reproductor del tepezcuite (Cuniculus paca). Rev. Biol. Trop. 29:155-164.

Ojasti, J. 1991. "Human exploitation of capybara" en libro "Neotropical wildlife use and conservación" Ed. J.O. Robinson y K.H. Redford. University Chicago Press.

Ojasti, J. 1993. Utilización de la fauna Silvestre en América Latina: situación y perspectivas sobre un manejo sostenible. Guia FAO conservación. Organización de las naciones unidas por la agricultura y la alimentación. Pag. 122-125.

Primack R. y J. Ros. 2002. Introducción a la biología de la conservación. Editorial Ariel. Barcelona-España. Pag. 72-75

Rodríguez, J. y F. Rojas-Suárez. 2008. Libro Rojo de la Fauna Venezolana. Tercera Edición. Provita y Shell Venezuela, S.A., Caracas, Venezuela. Pag. 19.

Smythe, N. 1987. The paca (Cuniculus paca) as a domestic source of protein for Neotropical, humid lowlands. Appl. Anim. Behav. Sci. 17:155-70.

Smythe, N. 1981. Rendimiento sostenido de proteína proveniente de los bosques neotropicales: Una alternativa a la deforestación. Acad. Panam. Med. Cirurg. 6:56-64.

Smythe, N. y O. Brown. 1995. La domesticación y cría de la Paca (Agouti paca). Guía de Conservación #26. Roma. FAO. Pag. 25-100.